★☆★

うんこドリル
東京大学との共同研究で学力向上・学習意欲向上が実証されました！

❶ 学習効果 UP!⬆

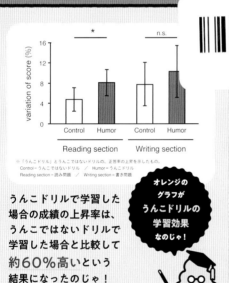

variation of score (%)

*

n.s.

| Control | Humor | Control | Humor |

Reading section | Writing section

※「うんこドリル」とうんこではないドリルの、正答率の上昇を示したもの。
Control＝うんこではないドリル ／ Humor＝うんこドリル
Reading section＝読み問題 ／ Writing section＝書き問題

オレンジのグラフがうんこドリルの学習効果なのじゃ！

うんこドリルで学習した場合の成績の上昇率は、うんこではないドリルで学習した場合と比較して**約60％高い**という結果になったのじゃ！

❷ 学習意欲 UP!⬆

Slow gamma

Relative ΔEEG power

※「うんこドリル」とうんこではないドリルの閲覧時の、脳領域の活動の違いをカラーマップで表したもの。左から「アルファ波」「ベータ波」「スローガンマ波」。明るい部分ほど、うんこドリル閲覧時における脳波の動きが大きかった。

うんこドリルで学習した場合「記憶の定着」に**効果的である**ことが確認されたのじゃ！

明るくなっているところが、うんこドリルが優位に働いたところなのじゃ！

共同研究 東京大学薬学部 池谷裕二教授

1998年に東京大学にて薬学博士号を取得。2002〜2005年にコロンビア大学（米ニューヨーク）に留学をはさみ、2014年より現職。専門分野は神経生理学で、脳の健康について探究している。また、2018年よりERATO脳AI融合プロジェクトの代表を務め、AIチップの脳移植による新たな知能の開拓を目指している。
文部科学大臣表彰 若手科学者賞（2008年）、日本学術振興会賞（2013年）、日本学士院学術奨励賞（2013年）などを受賞。

著書：『海馬』『記憶力を強くする』『進化しすぎた脳』
論文：Science 304:559、2004、同誌 311:599、2011、同誌 335:353、2012

先生のコメントはウラへ ➡

JN085703

教育において、ユーモアは児童・生徒を学習内容に注目させるために広く用いられます。先行研究によれば、ユーモアを含む教材では、ユーモアのない教材を用いたときよりも学習成績が高くなる傾向があることが示されていました。これらの結果は、ユーモアによって児童・生徒の注意力がより強く喚起されることで生じたものと考えられますが、ユーモアと注意力の関係を示す直接的な証拠は示されてきませんでした。そこで本研究では9〜10歳の子どもを対象に、電気生理学的アプローチを用いて、ユーモアが注意力に及ぼす影響を評価することとしました。

本研究では、ユーモアが脳波と記憶に及ぼす影響を統合的に検討しました。心理学の分野では、ユーモアが学習促進に役立つことが提唱されていますが、ユーモアが学習における集中力にどのような影響を与え、学習を促すのかについてはほとんど知られていません。しかし、記憶のエンコーディングにおいて遅いγ帯域の脳波が増加することが報告されていることと、今回我々が示した結果から、ユーモアは遅いγ波を増強することで学習促進に有用であることが示唆されます。
さらに、ユーモア刺激によるβ波強度の増加も観察されました。β波の活動は視覚的注意と関連していることが知られていること、集中力の程度は体の動きで評価できることから、本研究の結果からは、ユーモアがβ波強度の増加を介して集中度を高めている可能性が考えられます。

これらの結果は、ユーモアが学習に良い影響を与えるというinstructional humor processing theory を支持するものです。

※ J. Neuronet., 1028:1-13, 2020　http://neuronet.jp/jneuronet/007.pdf　　東京大学薬学部　池谷裕二教授

詳しい情報は
こちらをチェック！

がんばったね シール

もんだいを ときおわったら，1ページに はろう。

↓ **1** 5・6 ページ
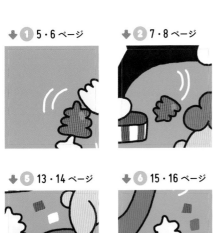

↓ **2** 7・8 ページ

↓ **3** 9・10 ページ
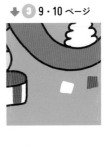

↓ **4** 11・12 ページ

↓ **5** 13・14 ページ

↓ **6** 15・16 ページ

↓ **7** 17・18 ページ

↓ **8** 19・20 ページ

↓ **9** 21・22 ページ

↓ **10** 23・24 ページ

↓ **11** 25・26 ページ

↓ **12** 27・28 ページ

↓ **13** 29・30 ページ

↓ **14** 31・32 ページ

↓ **15** 33・34 ページ

↓ **16** 35・36 ページ

▼ おまけ

うんこドリル

うんこ先生からのもんだい

ぜんぶ はると
絵が できて
答えが
わかるぞい。

うんこ先生が 体に のせて いる うんこの かずは なんこかな?

答え合わせを したら,
番号の ところに
シールを はろう。

1 5・6 ページ	**15** 33・34 ページ	**27** 57・58 ページ	**4** 11・12 ページ	**19** 41・42 ページ
28 59・60 ページ	**24** 51・52 ページ	**30** 63・64 ページ	**18** 39・40 ページ	**11** 25・26 ページ
7 17・18 ページ	**21** 45・46 ページ	**9** 21・22 ページ	**29** 61・62 ページ	**12** 27・28 ページ
16 35・36 ページ	**22** 47・48 ページ	**2** 7・8 ページ	**25** 53・54 ページ	**13** 29・30 ページ
10 23・24 ページ	**23** 49・50 ページ	**5** 13・14 ページ	**17** 37・38 ページ	**6** 15・16 ページ
14 31・32 ページ	**26** 55・56 ページ	**8** 19・20 ページ	**3** 9・10 ページ	**20** 43・44 ページ

もくじ

30日 うんこドリルの つかいかた

① 1日1まいを しっかり とくのじゃ。
あたりに 5まい、うらに 5まいで
10まい とくぞい。

> うらも やろう

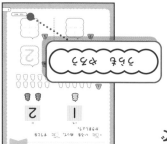

② おわったら、答え合わせを するのじゃ。
また 分けた 答えを ぬって、
まちがった もんだいは、もう 1かい
とり組んで お話えるのじゃ。

ここに 答えの ページが
書いて あるよ。

> こたえは 65 ページ

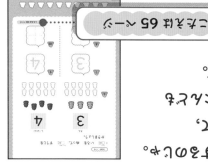

③ べん強した ページの シールを
はるのじゃ。すべての ページを
はると、ぜんぶの もんだいの
答えが わかるぞい！

> よい 番まで とり組んだら、答えが 出ちゃうよ。
> うんこ先生が 体になっている
> うんこの 数は ぜんぶで なんこかな？

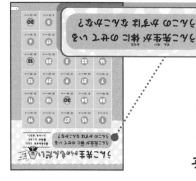

10までの かず❶

● に　いろを　ぬって，に　すうじを
　かきましょう。

いち

1

に

2

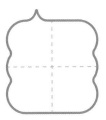

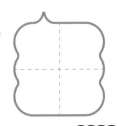

うらも　やろう

● 💩に いろを ぬって, 💩に すうじを
かきましょう。

さん

3

し（よん）

4

6

7

3

9

4

8

10

こたえは 65 ページ

できた分の色をぬって，1ページにシールをはろう。

6

10までの　かず❷

学習日　月　日

● うんこに　いろを　ぬって，うんこますに　すうじを
かきましょう。

ご
5

ろく
6

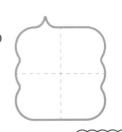

うらも　やろう

7

● に いろを ぬって, に すうじを かきましょう。

しち（なな）　　　　　　　　　　　はち

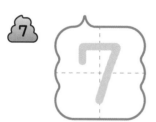　　　　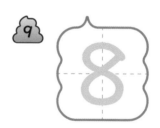

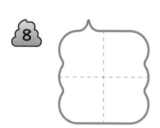　　　　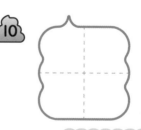

こたえは **65** ページ

できた分の色をぬって, 1ページにシールをはろう。

8

3日目 10までの かず❸

学習日

月　日

● 💩に いろを ぬって, 💩こますに すうじを
かきましょう。

く（きゅう）　　　　　　　じゅう

9　　　　10

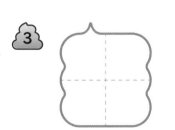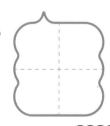

うらも やろう

9

● うんこの かずを うんこます に かきましょう。

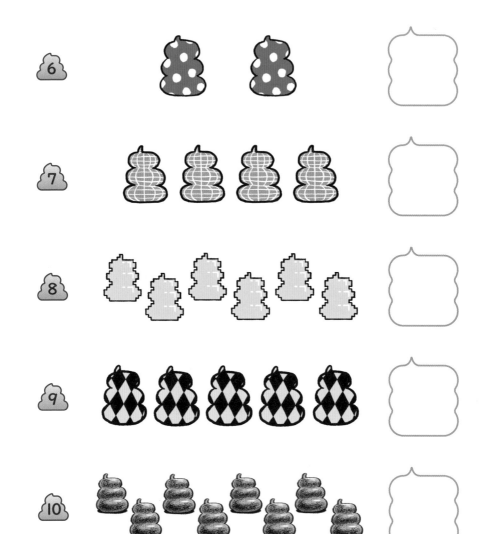

こたえは 66 ページ

できた分の色をぬって，1ページにシールをはろう。

いくつと　いくつ❶

● ^{うんこます}◯に　あう　かずを　かきましょう。

 ① 1と 1で

 ② 1と 2で

 ③ 2と 1で

 ④ 3と 1で

 ⑤ 2と 3で

うらも　やろう

11

^{うんこます}
● ◌に あう かずを かきましょう。

こたえは 66 ページ

できた分の色をぬって，1ページにシールをはろう。

12

いくつと いくつ❷

● ^{うんこます}◌に あう かずを かきましょう。

  2は 1と

 3は 1と

 4は 1と

 4は 2と

 5は 3と

うらも やろう

13

● ⬚に あう かずを かきましょう。

6は 2と

7は 4と

8は 1と

9は 6と

10は 5と

こたえは 67 ページ

できた分の色をぬって, 1ページにシールをはろう。

あと いくつ

学習日

月　日

● うんこます に　あう　かずを　かきましょう。

  2は　あと　　で　4

  3は　あと　　で　5

  4は　あと　　で　7

  5は　あと　　で　9

  7は　あと　　で　9

うらも　やろう

15

● あと いくつで 10に なりますか。

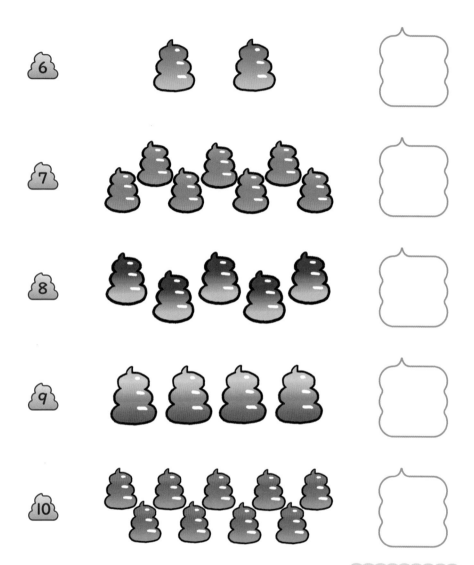

こたえは 67 ページ

できた分の色をぬって，1ページにシールをはろう。

あわせて いくつ ❶

● けいさんを　しましょう。

① 1＋2　　② 3＋1

③ 2＋2　　④ 3＋2

● こえに　だして　よんでから　もんだいを　ときましょう。

⑤ うんこを　みぎてで　2かい，ひだりてで
1かい　たたきました。あわせて　なんかい
うんこを　たたきましたか。

しき

こたえ ＿＿＿＿＿＿＿＿＿

うらも　やろう

17

● けいさんを しましょう。

6 1＋3   7 4＋2

8 1＋1   9 3＋4

● こえに だして よんでから もんだいを ときましょう。

10 ぼくの うんこを 2こ, おにいさんの
うんこを 3こ ならべました。あわせて
なんこの うんこを ならべましたか。

しき

こたえ ＿＿＿＿＿＿＿＿＿

こたえは 68 ページ

できた分の色をぬって, 1ページにシールをはろう。

あわせて　いくつ❷

● けいさんを　しましょう。

① 3＋3　　② 2＋4

③ 1＋7　　④ 8＋2

● こえに　だして　よんでから　もんだいを　ときましょう。

⑤ おじいちゃんが　4かい，おとうさんが　3かい，
「うんこ」と　つぶやいて　います。あわせて
なんかい　「うんこ」と　つぶやきましたか。

しき

こたえ _____

うらも　やろう

19

● けいさんを しましょう。

 **2+7**　　　 **6+3**

 **5+5**　　　9 **1+4**

● こえに だして よんでから もんだいを ときましょう。

10 うんこの えを きのう 3まい, きょう
5まい かきました。あわせて なんまい
うんこの えを かきましたか。

しき

こたえ ＿＿＿＿＿＿＿＿＿＿

こたえは 68 ページ

できた分の色をぬって, 1ページにシールをはろう。

あわせて　いくつ❸

● けいさんを　しましょう。

① 7+2　　② 3+7

③ 4+1　　④ 1+9

● こえに　だして　よんでから　もんだいを　ときましょう。

⑤ うんこを　あたまに　5こ，かたに　2こ
のせて　います。あわせて　なんこの
うんこを　のせて　いますか。

しき

こたえ _____

うらも　やろう

● けいさんを しましょう。

6 2+6   7 8+1

8 7+3   9 4+4

● こえに だして よんでから もんだいを ときましょう。

10 ぼくが 6こ, おとうとが 4こ, うんこを
　 もって います。うんこを あわせて なんこ
　 もって いますか。

しき

こたえ _____

こたえは 69 ページ

できた分の色をぬって, 1ページにシールをはろう。

ふえると　いくつ❶

● けいさんを　しましょう。

① 2+2

② 1+3

③ 2+1

④ 4+1

● こえに　だして　よんでから　もんだいを　ときましょう。

⑤ うんこを　3こ　よういして　ねました。
　　あさ　おきたら　2こ　ふえて　いました。
　　うんこは　ぜんぶで　なんこ　ありますか。

しき

こたえ _____

うらも　やろう

23

● けいさんを しましょう。

 2+3    6+1

 1+5    4+3

● こえに だして よんでから もんだいを ときましょう。

10 おとうさんの せなかに うんこが 2こ
のって います。さらに 4こ のせました。
おとうさんの せなかの うえの うんこは
ぜんぶで なんこに なりましたか。

しき

こたえ ＿＿＿＿＿＿＿＿＿＿＿

こたえは 69 ページ

できた分の色をぬって，1 ページにシールをはろう。

ふえると いくつ❷

● けいさんを しましょう。

 ① 6+2　　② 3+3

③ 1+8　　④ 4+6

● こえに だして よんでから もんだいを ときましょう。

⑤ うんこを 5こ もって いえを でました。
がっこうに いく とちゅうで 4こ
ひろいました。うんこを ぜんぶで なんこ
もって いますか。

しき

こたえ ＿＿＿＿＿＿＿＿＿＿

うらも やろう

25

● けいさんを しましょう。

 **1＋6**    **5＋3**

8 **2＋8**   **9** **4＋4**

● こえに だして よんでから もんだいを ときましょう。

10 うんこの ほんを 7さつ もって います。
さらに 1さつ かって きました。うんこの
ほんは ぜんぶで なんさつに なりましたか。

しき

こたえ ＿＿＿＿＿＿＿＿＿＿＿＿

こたえは 70 ページ

できた分の色をぬって，1ページにシールをはろう。

ふえると　いくつ❸

● けいさんを　しましょう。

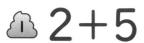 2+5　　② 9+1

③ 5+1　　④ 3+6

● こえに　だして　よんでから　もんだいを　ときましょう。

⑤ うんこを　2こ　もって　います。
たんじょうびに　さらに　7こ　もらいました。
うんこは　ぜんぶで　なんこに　なりましたか。

しき

こたえ ＿＿＿＿＿＿＿＿＿＿＿

うらも　やろう

27

● けいさんを しましょう。

6 $4+5$　　　7 $7+2$

8 $3+1$　　　9 $6+4$

● こえに だして よんでから もんだいを ときましょう。

10 うんこを 2かい ゆびで つつきました。
さらに 8かい つつきました。うんこを
ぜんぶで なんかい つつきましたか。

しき

こたえ ＿＿＿＿＿＿＿＿＿＿

こたえは 70 ページ

できた分の色をぬって，1ページにシールをはろう。

まとめ❶

● けいさんを　しましょう。

① 3+4　　② 1+1

③ 6+2　　④ 5+5

● こえに　だして　よんでから　もんだいを　ときましょう。

⑤ おじいちゃんの　うんこに　はとが　7わ，
くじゃくが　3わ　あつまりました。
あわせて　なんわ　あつまりましたか。

しき

こたえ ＿＿＿＿＿＿＿＿＿＿＿

うらも　やろう

29

● けいさんを しましょう。

⑥ 3+5　　　⑦ 7+1

⑧ 4+2　　　⑨ 5+4

● こえに だして よんでから もんだいを ときましょう。

⑩ うんこの しゃしんを 1まい もって います。
おとうさんが 9まい くれました。うんこの
しゃしんは あわせて なんまいに なりましたか。

しき

こたえ ＿＿＿＿＿＿＿＿＿＿＿

こたえは 71 ページ

できた 分の色をぬって, 1ページにシールをはろう。

のこりは いくつ❶

● けいさんを しましょう。

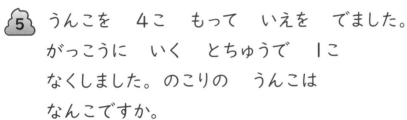

① 3－1　　② 2－1

③ 4－2　　④ 5－2

● こえに だして よんでから もんだいを ときましょう。

⑤ うんこを 4こ もって いえを でました。
がっこうに いく とちゅうで 1こ
なくしました。のこりの うんこは
なんこですか。

しき

こたえ ＿＿＿＿＿＿＿＿

うらも やろう

31

● けいさんを しましょう。

 3－2    5－3

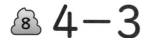 4－3    7－4

● こえに だして よんでから もんだいを ときましょう。

⑩ うんこが 6こ ならんで います。そのうち
2こ ふみつぶしました。まだ ふみつぶして
いない うんこは なんこですか。

しき

こたえ ＿＿＿＿＿＿＿＿＿＿＿

こたえは 71 ページ

できた分の色をぬって，1ページにシールをはろう。

15 日目 のこりは　いくつ❷

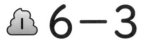

● けいさんを　しましょう。

1. 6−3　　2. 9−2

3. 7−1　　4. 10−4

● こえに　だして　よんでから　もんだいを　ときましょう。

5. どんな　ねがいも　5かいだけ　かなえて
くれる　まほうの　うんこが　あります。
4かい　つかって　しまいました。
あと　なんかい　つかえますか。

しき

こたえ ＿＿＿＿＿＿＿＿

うらも　やろう

33

● けいさんを　しましょう。

6　6－1　　7　10－7

8　8－5　　9　9－3

● こえに　だして　よんでから　もんだいを　ときましょう。

10 うんこを　8こ　よういして　ねました。
あさ　おきたら　6こ　なくなって　いました。
のこりの　うんこは　なんこですか。

しき

こたえ _____

こたえは 72 ページ

できた分の色をぬって，1 ページにシールをはろう。

16日目 のこりは いくつ❸

学習日

月　日

● けいさんを しましょう。

1 $9-6$　　2 $6-5$

3 $10-3$　　4 $8-2$

● こえに だして よんでから もんだいを ときましょう。

5 うんこを 10こ もって います。そのうち
9こを ねこに あげました。のこりの
うんこは なんこですか。

しき

こたえ ＿＿＿＿＿＿＿＿＿

うらも やろう

35

● けいさんを　しましょう。

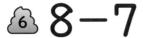 **6** $8-7$  **7** $10-1$

8 $6-4$ **9** $9-5$

● こえに　だして　よんでから　もんだいを　ときましょう。

10 かっこいい　うんこが　7こ　うられて
います。そのうち　3こ　うれました。
のこりの　うんこは　なんこですか。

しき

こたえ _____

こたえは 72 ページ

できた分の色をぬって，1ページにシールをはろう。

ちがいは　いくつ❶

● けいさんを　しましょう。

① 2−1　　② 4−3

③ 5−1　　④ 4−2

● こえに　だして　よんでから　もんだいを　ときましょう。

⑤ みぎてに　3こ，ひだりてに　2この　うんこを
のせて　います。みぎてに　のせて　いる
うんこは，ひだりてより　なんこ　おおいですか。

しき

こたえ ＿＿＿＿＿＿＿＿＿＿＿

うらも　やろう

● けいさんを　しましょう。

6 5－3　　　**7** 4－1

8 7－2　　　**9** 8－4

● こえに　だして　よんでから　もんだいを　ときましょう。

10 うんこの　しゃしんが　6まい，よぞらの
しゃしんが　4まい　あります。うんこの
しゃしんは，よぞらの　しゃしんより　なんまい
おおいですか。

しき

こたえ ＿＿＿＿＿＿＿＿＿＿

こたえは 73 ページ

できた分の色をぬって，1 ページにシールをはろう。

18 日目　ちがいは　いくつ❷

● けいさんを　しましょう。

① 7−3　　　② 6−2

③ 8−1　　　④ 10−5

● こえに　だして　よんでから　もんだいを　ときましょう。

⑤ ひとさしゆびで　9かい，くすりゆびで　7かい，
うんこを　つつきました。ひとさしゆびで
つついたのは，くすりゆびより　なんかい
おおいですか。

しき

こたえ ＿＿＿＿＿＿＿＿＿

うらも　やろう

39

● けいさんを しましょう。

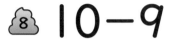 8 − 3

 7 − 5

⑧ 10 − 9

⑨ 10 − 2

● こえに だして よんでから もんだいを ときましょう。

⑩ おとうさんの うんこに いぬが 9ひき，
ねこが 4ひき あつまりました。いぬは
ねこより なんびき おおいですか。

しき

こたえ _____

こたえは 73 ページ

ちがいは　いくつ❸

● けいさんを　しましょう。

① 5－4　　② 10－6

③ 9－1　　④ 8－5

● こえに　だして　よんでから　もんだいを　ときましょう。

⑤ ぼくの　うんこに　うんこむしが　6ぴき,
かぶとむしが　7ひき　あつまりました。
かぶとむしは　うんこむしより　なんびき
おおいですか。

しき

こたえ ＿＿＿＿＿＿＿＿＿＿＿

うらも　やろう

41

● けいさんを　しましょう。

 **9－8**　　 **6－3**

 **7－2**　　 **8－6**

● こえに　だして　よんでから　もんだいを　ときましょう。

10 しましまうんこが　10こ，みずたまうんこが
8こ　あります。みずたまうんこは
しましまうんこより　なんこ　すくないですか。

しき

こたえ ＿＿＿＿＿＿＿＿＿＿＿＿＿

こたえは 74 ページ

できた分の色をぬって，1ページにシールをはろう。

まとめ❷

● けいさんを　しましょう。

① 3−1　　② 7−6

③ 5−2　　④ 9−4

● こえに　だして　よんでから　もんだいを　ときましょう。

⑤ のはらで　うんこを　して　いると，とらが
8とう　あつまりました。3とう　かえって
しまいました。のこりの　とらは
なんとうですか。

しき

こたえ＿＿＿＿＿＿＿＿＿＿＿

うらも　やろう

43

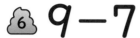

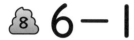

● けいさんを しましょう。

6 $9-7$ **7** $8-4$

8 $6-1$ **9** $10-8$

● こえに だして よんでから もんだいを ときましょう。

10 ぼくが 5こ, おにいちゃんが 7こ, うんこを もって います。おにいちゃんは ぼくより うんこを なんこ おおく もって いますか。

しき

こたえ _____

こたえは **74** ページ

できた分の色をぬって, 1ページにシールをはろう。

21日目 たしざんと ひきざん❶

● けいさんを しましょう。

① 5+2   ② 3+6

③ 7−1   ④ 8−2

● こえに だして よんでから もんだいを ときましょう。

⑤ すてきな うんこが 6こ, かわいい
うんこが 1こ あります。うんこは
あわせて なんこ ありますか。

しき

こたえ _____

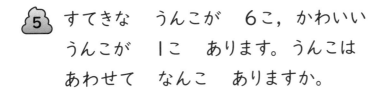

うらも やろう

45

● けいさんを しましょう。

 2＋6

7－4

 8＋1

9－3

● こえに だして よんでから もんだいを ときましょう。

10 うんこを きのうは 5かい, きょうは
1かい しました。きのうは, きょうより
なんかい おおく うんこを しましたか。

しき

こたえ _____

こたえは 75 ページ

できた分の色をぬって, 1ページにシールをはろう。

● しきの　こたえと　うんこの　かずが　おなじに
なるように　■と　●を　せんで　むすびましょう。

 $3+2$ ・

 $6-3$ ・

 $5+4$ ・

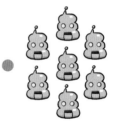

 $4-3$ ・

 $6+1$ ・

うらも　やろう

47

● けいさんを しましょう。

 **9−6**　　 **3＋7**

8 **2＋5**　　9 **8−7**

● こえに だして よんでから もんだいを ときましょう。

⑩ うんこが 6こ あります。おじいちゃんが
おちゃを のみながら うんこを 3こ
しました。うんこは ぜんぶで なんこに
なりましたか。

しき

こたえ ＿＿＿＿＿＿＿＿＿＿＿

こたえは 75 ページ

できた分の色をぬって，1ページにシールをはろう。

たしざんと ひきざん ❸

● けいさんを　しましょう。

① 4+3　　　② 9−5

③ 8+2　　　④ 10−6

● こえに　だして　よんでから　もんだいを　ときましょう。

⑤ 5この　うんこを　かざって　います。
3こ　おちて　しまいました。
のこりの　うんこは　なんこですか。

しき

こたえ ＿＿＿＿＿＿＿＿＿

うらも　やろう

49

● けいさんの　こたえが　おおきい　ほうの
うんこます
▢に　○を　かきましょう。
まる

6

$$2+4 \qquad 2+5$$

7

$$7-4 \qquad 7-5$$

8

$$3+2 \qquad 3-2$$

9

$$4+5 \qquad 8+2$$

10
$$7-2 \qquad 9-6$$

こたえは 76 ページ

できた分の色をぬって，1ページにシールをはろう。

たしざんと　ひきざん❹

● けいさんを　しましょう。

① 6−5　　　② 9−1

③ 1+7　　　④ 4+6

● こえに　だして　よんでから　もんだいを　ときましょう。

⑤ 10とうの　ぞうが　うんこの　まえに
ならんで　います。2とう　かえって
しまいました。のこりの　ぞうは
なんとうですか。

しき

こたえ _____

うらも　やろう

51

● こたえの　おおきい　じゅんに　うんこますに　もじを
　いれて　ことばを　かんせいさせましょう。

う　6　　　7　　　8

9　　　10　　　い　!!

は　8−3　　　ん　2+5

い　7−5　　　す　10−6

う　9−1　　　ご　1+2

こ　3+3

こたえは 76 ページ

できた分の色をぬって，1 ページにシールをはろう。

0の たしざんと ひきざん

● けいさんを しましょう。

① 3+0

② 0+2

③ 1+0

④ 0+0

● こえに だして よんでから もんだいを ときましょう。

⑤ うんこなげを して います。1かいめは
0てん，2かいめは 4てんでした。
あわせて なんてんに なりましたか。

しき

こたえ ＿＿＿＿＿＿＿＿＿＿＿

うらも やろう

● けいさんを　しましょう。

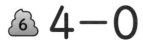 **6** 4－0　　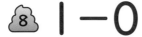 **7** 3－3

 8 1－0　　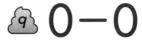 **9** 0－0

● こえに　だして　よんでから　もんだいを　ときましょう。

10 うんこが　6こ　うられて　います。
きょう　うれた　かずは　0こです。
のこりの　うんこは　なんこですか。

しき

こたえ＿＿＿＿＿＿＿＿＿＿

こたえは 77 ページ

できた分の色をぬって，1ページにシールをはろう。

まとめ❸

● けいさんを　しましょう。

① 5＋3　　② 7−3

③ 8−6　　④ 9＋1

● こえに　だして　よんでから　もんだいを　ときましょう。

⑤ みぎうでに　4こ, ひだりうでに　5こ,
うんこを　のせて　います。あわせて
うんこを　なんこ　のせて　いますか。

しき

こたえ ＿＿＿＿＿＿＿＿＿

うらも　やろう

55

● けいさんを しましょう。

6 $0+8$　　**7** $7-7$

8 $2-0$　　**9** $5+0$

● こえに だして よんでから もんだいを ときましょう。

10 もって いる うんこの かずは, おねえさんが
0こ, おにいさんが 3こです。あわせて
うんこを なんこ もって いますか。

しき

こたえ _____

こたえは 77 ページ

できた分の色をぬって, 1ページにシールをはろう。

たしざん

● けいさんを　しましょう。

① 10+3

② 10+8

③ 10+1

④ 10+5

● こえに　だして　よんでから　もんだいを　ときましょう。

⑤ 10にんで　おおきな　うんこを　ささえて
います。さらに　4にん　ささえに　きました。
あわせて　なんにんに　なりましたか。

しき

こたえ ＿＿＿＿＿＿＿＿＿

うらも　やろう

57

● けいさんを しましょう。

 6 11＋4

7 16＋3

8 12＋5

9 17＋1

● こえに だして よんでから もんだいを ときましょう。

10 うんこに つまようじが 13ぼん ささって います。さらに 2ほん さしました。ぜんぶで つまようじは なんぼん ささって いますか。

しき

こたえ＿＿＿＿＿＿＿＿＿＿

こたえは 78 ページ

できた分の色をぬって，1ページにシールをはろう。

ひきざん

● けいさんを　しましょう。

① 12−2

② 19−9

③ 16−6

④ 15−5

● こえに　だして　よんでから　もんだいを　ときましょう。

⑤ うんこが　13こ　あります。にんじゃが
すばやく　3こ　きりました。きられて　いない
うんこは　なんこですか。

しき

こたえ ＿＿＿＿＿＿＿＿＿＿

うらも　やろう

● けいさんを しましょう。

6　18−7

7　12−1

8　14−2

9　17−3

● こえに だして よんでから もんだいを ときましょう。

10　すてきな　うんこは　19えん, ふつうの
　　うんこは　6えんで　うられて　います。
　　すてきな　うんこは, ふつうの　うんこより
　　なんえん　たかいですか。

しき

こたえ ＿＿＿＿＿＿＿＿＿＿＿

こたえは 78 ページ

できた分の色をぬって, 1ページにシールをはろう。

3つの かずの たしざんと ひきざん

● けいさんを しましょう。

① 3+1+2

② 4+2+2

③ 8+2+3

④ 5+5+1

● こえに だして よんでから もんだいを ときましょう。

⑤ うんこを １こ もって います。おとうさんから 5こ, おじいちゃんから 3こ もらいました。うんこは ぜんぶで なんこに なりましたか。

しき

こたえ _____

うらも やろう

61

● けいさんを しましょう。

6 8−1−2

7 9−3−5

8 12−2−7

9 16−6−1

● こえに だして よんでから もんだいを ときましょう。

10 うんこを　7こ　もって　います。おとうとに
2こ, いもうとに　3こ　あげました。
のこりの　うんこは　なんこですか。

しき

こたえ _____

こたえは 79 ページ

できた分の色をぬって, 1ページにシールをはろう。

まとめ❹

● けいさんを　しましょう。

1 10＋8

2 12＋2

3 17−7

4 16−5

● こえに　だして　よんでから　もんだいを　ときましょう。

5 きのうは　15かい，きょうは　3かい，うんこに
「おはよう」と　いいました。あわせて　なんかい
「おはよう」と　いいましたか。

しき

こたえ ＿＿＿＿＿＿＿＿＿＿＿

● けいさんを しましょう。

6 $3 + 2 + 3$

7 $6 + 4 + 7$

8 $7 - 1 - 5$

9 $13 - 3 - 8$

● こえに だして よんでから もんだいを ときましょう。

10 うんこを 1こ おいて おきました。あさ みると 9こ ふえて いて, よるには さらに 6こ ふえて いました。うんこは ぜんぶで なんこに なりましたか。

しき

こたえ _____

こたえは 79 ページ

こたえ

できた 分だけ 色を ぬろう。
まちがえた もんだいは もう いちど やろう。

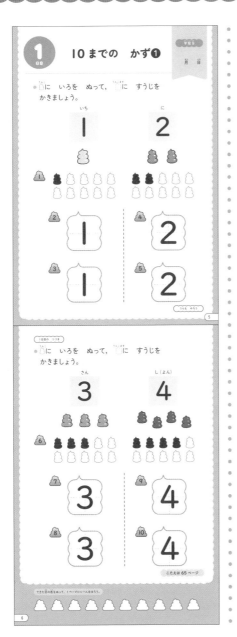

1 1日目 10までの かず❶ 学習日 月 日

● 🗒️に いろを ぬって、🗒️に すうじを
かきましょう。

いち 1　　　に 2

① 1　③ 2　③ 1　④ 2　⑤ 2

1日目の つづき

● 🗒️に いろを ぬって、🗒️に すうじを
かきましょう。

さん 3　　　し(よん) 4

⑥ 3　⑦ 3　⑧ 3　⑨ 4　⑩ 4

こたえは 65 ページ

できた 数の 分を ぬって、1ページにシールをはろう。

5
6

2 2日目 10までの かず❷ 学習日 月 日

● 🗒️に いろを ぬって、🗒️に すうじを
かきましょう。

ご 5　　　ろく 6

② 5　③ 6　⑤ 5　⑥ 6

2日目の つづき

● 🗒️に いろを ぬって、🗒️に すうじを
かきましょう。

しち(なな) 7　　　はち 8

⑥ 7　⑦ 7　⑧ 8　⑨ 8　⑩ 8

こたえは 65 ページ

できた 数の 分を ぬって、1ページにシールをはろう。

7
8

こたえ

こたえ

こたえ

7 あわせて いくつ ❶

月 日

● けいさんを しましょう。

🪨① 1+2=3　🪨② 3+1=4

🪨③ 2+2=4　🪨④ 3+2=5

● こえに だして よんでから もんだいを ときましょう。

🪨⑤ うんこを みぎてで 2かい, ひだりてで
　　1かい たたきました。あわせて なんかい
　　うんこを たたきましたか。

しき 2+1=3

こたえ 3かい

17

● けいさんを しましょう。

🪨⑥ 1+3=4　🪨⑦ 4+2=6

🪨⑧ 1+1=2　🪨⑨ 3+4=7

● こえに だして よんでから もんだいを ときましょう。

🪨⑩ ぼくの うんこを 2こ, おにいさんの
　　うんこを 3こ ならべました。あわせて
　　なんこの うんこを ならべましたか。

しき 2+3=5

こたえ 5こ

こたえは 68ページ

18

8 あわせて いくつ ❷

月 日

● けいさんを しましょう。

🪨① 3+3=6　🪨② 2+4=6

🪨③ 1+7=8　🪨④ 8+2=10

● こえに だして よんでから もんだいを ときましょう。

🪨⑤ おじいちゃんが 4かい, おとうさんが 3かい,
　　「うんこ」と つぶやいて います。あわせて
　　なんかい 「うんこ」と つぶやきましたか。

しき 4+3=7

こたえ 7かい

19

● けいさんを しましょう。

🪨⑥ 2+7=9　🪨⑦ 6+3=9

🪨⑧ 5+5=10　🪨⑨ 1+4=5

● こえに だして よんでから もんだいを ときましょう。

🪨⑩ うんこの えを きのう 3まい, きょう
　　5まい かきました。あわせて なんまい
　　うんこの えを かきましたか。

しき 3+5=8

こたえ 8まい

こたえは 68ページ

20

こたえ

 9日目 あわせて いくつ❸ 算数6 月 日

● けいさんを しましょう。

7+2=9 3+7=10
4+1=5 1+9=10

● こえに だして よんでから もんだいを ときましょう。

 うんこを あたまに 5こ，かたに 2こ
のせて います。あわせて なんこの
うんこを のせて いますか。

しき 5+2=7

こたえ 7こ

うんこ さんう ㉑

● けいさんを しましょう。

2+6=8 8+1=9
7+3=10 4+4=8

● こえに だして よんでから もんだいを ときましょう。

 ぼくが 6こ，おとうとが 4こ，うんこを
もって います。うんこを あわせて なんこ
もって いますか。

しき 6+4=10

こたえ 10こ

こたえは 69ページ

22

 10日目 ふえると いくつ❶ 算数8 月 日

● けいさんを しましょう。

2+2=4 1+3=4
2+1=3 4+1=5

● こえに だして よんでから もんだいを ときましょう。

 うんこを 3こ よういして ねました。
あさ おきたら 2こ ふえて いました。
うんこは ぜんぶで なんこ ありますか。

しき 3+2=5

こたえ 5こ

うんこ さんう ㉓

● けいさんを しましょう。

2+3=5 6+1=7
1+5=6 4+3=7

● こえに だして よんでから もんだいを ときましょう。

 おとうさんの せなかに うんこが 2こ
のって います。さらに 4こ のせました。
おとうさんの せなかの うえの うんこは
ぜんぶで なんこに なりましたか。

しき 2+4=6

こたえ 6こ

こたえは 69ページ

24

 69

こたえ

● けいさんを しましょう。

🐚① 6+2=8　🐚② 3+3=6

🐚③ 1+8=9　🐚④ 4+6=10

● こえに だして よんでから もんだいを ときましょう。

🐚⑤ うんこを 5こ もって いえを でました。
がっこうに いく とちゅうで 4こ
ひろいました。うんこを ぜんぶで なんこ
もって いますか。

<small>しき</small> 5+4=9

<small>こたえ</small> 9こ

_{うんこ やるう} 25

<small>11 日目の つづき</small>

● けいさんを しましょう。

🐚⑥ 1+6=7　🐚⑦ 5+3=8

🐚⑧ 2+8=10　🐚⑨ 4+4=8

● こえに だして よんでから もんだいを ときましょう。

🐚⑩ うんこの ほんを 7さつ もって います。
さらに 1さつ かって きました。うんこの
ほんは ぜんぶで なんさつに なりましたか。

<small>しき</small> 7+1=8

<small>こたえ</small> 8さつ

<small>こたえは 70 ページ</small>

26

● けいさんを しましょう。

🐚① 2+5=7　🐚② 9+1=10

🐚③ 5+1=6　🐚 3+6=9

● こえに だして よんでから もんだいを ときましょう。

🐚⑤ うんこを 2こ もって います。
たんじょうびに さらに 7こ もらいました。
うんこは ぜんぶで なんこに なりましたか。

<small>しき</small> 2+7=9

<small>こたえ</small> 9こ

_{うんこ やるう} 27

<small>12 日目の つづき</small>

● けいさんを しましょう。

🐚⑥ 4+5=9　🐚⑦ 7+2=9

🐚⑧ 3+1=4　🐚⑨ 6+4=10

● こえに だして よんでから もんだいを ときましょう。

🐚⑩ うんこを 2かい ゆびで つつきました。
さらに 8かい つつきました。うんこを
ぜんぶで なんかい つつきましたか。

<small>しき</small> 2+8=10

<small>こたえ</small> 10かい

<small>こたえは 70 ページ</small>

28

こたえ

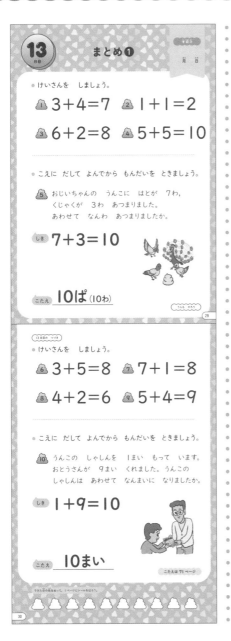

13日目 まとめ❶

学習日　月　日

● けいさんを しましょう。

① 3+4=7　② 1+1=2

③ 6+2=8　④ 5+5=10

● こえに だして よんでから もんだいを ときましょう。

⑤ おじいちゃんの うんこに はとが 7わ,
くじゃくが 3わ あつまりました。
あわせて なんわ あつまりましたか。

しき 7+3=10

こたえ 10ぱ (10わ)

29

13日目の つづき

● けいさんを しましょう。

⑥ 3+5=8　⑦ 7+1=8

⑧ 4+2=6　⑨ 5+4=9

● こえに だして よんでから もんだいを ときましょう。

⑩ うんこの しゃしんを 1まい もって います。
おとうさんが 9まい くれました。うんこの
しゃしんは あわせて なんまいに なりましたか。

しき 1+9=10

こたえ 10まい

こたえは 71 ページ

30

14日目 のこりは いくつ❶

学習日　月　日

● けいさんを しましょう。

① 3-1=2　② 2-1=1

③ 4-2=2　④ 5-2=3

● こえに だして よんでから もんだいを ときましょう。

⑤ うんこを 4こ もって いえを でました。
がっこうに いく とちゅうで 1こ
なくしました。のこりの うんこは
なんこですか。

しき 4-1=3

こたえ　3こ

31

14日目の つづき

● けいさんを しましょう。

⑥ 3-2=1　⑦ 5-3=2

⑧ 4-3=1　⑨ 7-4=3

● こえに だして よんでから もんだいを ときましょう。

⑩ うんこが 6こ ならんで います。そのうち
2こ ふみつぶしました。まだ ふみつぶして
いない うんこは なんこですか。

しき 6-2=4

こたえ　4こ

こたえは 71 ページ

32

こたえ

15 のこりは いくつ❷

● けいさんを しましょう。

① 6−3=3　② 9−2=7

③ 7−1=6　④ 10−4=6

● こえに だして よんでから もんだいを ときましょう。

⑤ どんな ねがいも 5かいだけ かなえて
くれる まほうの うんこが あります。
4かい つかって しまいました。
あと なんかい つかえますか。

しき　5−4=1

こたえ　　1かい

(33)

15日目の つづき

● けいさんを しましょう。

⑥ 6−1=5　⑦ 10−7=3

⑧ 8−5=3　⑨ 9−3=6

● こえに だして よんでから もんだいを ときましょう。

⑩ うんこを 8こ よういして ねました。
あさ おきたら 6こ なくなって いました。
のこりの うんこは なんこですか。

しき　8−6=2

こたえ　　2こ

こたえは 72ページ

34

---

16 のこりは いくつ❸

● けいさんを しましょう。

① 9−6=3　② 6−5=1

③ 10−3=7　④ 8−2=6

● こえに だして よんでから もんだいを ときましょう。

⑤ うんこを 10こ もって います。そのうち
9こを ねこに あげました。のこりの
うんこは なんこですか。

しき　10−9=1

こたえ　　1こ

(35)

16日目の つづき

● けいさんを しましょう。

⑥ 8−7=1　⑦ 10−1=9

⑧ 6−4=2　⑨ 9−5=4

● こえに だして よんでから もんだいを ときましょう。

⑩ かっこいい うんこが 7こ うられて
います。そのうち 3こ うれました。
のこりの うんこは なんこですか。

しき　7−3=4

こたえ　　4こ

こたえは 72ページ

36

こたえ

 17
日目

ちがいは　いくつ❶

 学習日
月　日

● けいさんを　しましょう。

① $2-1=1$　② $4-3=1$

③ $5-1=4$　④ $4-2=2$

● こえに　だして　よんでから　もんだいを　ときましょう。

⑤ みぎてに　3こ，ひだりてに　2この　うんこを
のせて　います。みぎてに　のせて　いる
うんこは，ひだりてより　なんこ　おおいですか。

しき $3-2=1$

こたえ　　1こ

うんこ やろう

37

17日目の つづき

● けいさんを　しましょう。

⑥ $5-3=2$　⑦ $4-1=3$

⑧ $7-2=5$　⑨ $8-4=4$

● こえに　だして　よんでから　もんだいを　ときましょう。

⑩ うんこの　しゃしんが　6まい，よぞらの
しゃしんが　4まい　あります。うんこの
しゃしんは，よぞらの　しゃしんより　なんまい
おおいですか。

しき $6-4=2$

こたえ　　2まい

こたえは 73 ページ

38

できた日の色をぬって、1ページにシールをはろう。

 18
日目

ちがいは　いくつ❷

 学習日
月　日

● けいさんを　しましょう。

① $7-3=4$　② $6-2=4$

③ $8-1=7$　④ $10-5=5$

● こえに　だして　よんでから　もんだいを　ときましょう。

⑤ ひとさしゆびで　9かい，くすりゆびで　7かい，
うんこを　つつきました。ひとさしゆびで
つついたのは，くすりゆびより　なんかい
おおいですか。

しき $9-7=2$

こたえ　　2かい

うんこ やろう

39

18日目の つづき

● けいさんを　しましょう。

⑥ $8-3=5$　⑦ $7-5=2$

⑧ $10-9=1$　⑨ $10-2=8$

● こえに　だして　よんでから　もんだいを　ときましょう。

⑩ おとうさんの　うんこに　いぬが　9ひき，
ねこが　4ひき　あつまりました。いぬは
ねこより　なんびき　おおいですか。

しき $9-4=5$

こたえ　　5ひき

こたえは 73 ページ

40

できた日の色をぬって、1ページにシールをはろう。

73

こたえ

 19 ちがいは いくつ ❸

● けいさんを しましょう。

1 5－4＝1　2 10－6＝4

3 9－1＝8　4 8－5＝3

● こえに だして よんでから もんだいを ときましょう。

5 ぼくの うんこに うんこむしが 6ぴき，
　かぶとむしが 7ひき あつまりました。
　かぶとむしは うんこむしより なんびき
　おおいですか。

しき 7－6＝1

こたえ 1ぴき

41

19日目の つづき

● けいさんを しましょう。

6 9－8＝1　7 6－3＝3

8 7－2＝5　9 8－6＝2

● こえに だして よんでから もんだいを ときましょう。

10 しましまうんこが 10こ，みずたまうんこが
　8こ あります。みずたまうんこは
　しましまうんこより なんこ すくないですか。

しき 10－8＝2

こたえ 2こ

こたえは 74 ページ

42

---

 20 まとめ ❷

● けいさんを しましょう。

1 3－1＝2　2 7－6＝1

3 5－2＝3　4 9－4＝5

● こえに だして よんでから もんだいを ときましょう。

5 のはらで うんこを して いると，とらが
　8とう あつまりました。3とう かえって
　しまいました。のこりの とらは
　なんとうですか。

しき 8－3＝5

こたえ 5とう

43

20日目の つづき

● けいさんを しましょう。

6 9－7＝2　7 8－4＝4

8 6－1＝5　9 10－8＝2

● こえに だして よんでから もんだいを ときましょう。

10 ぼくが 5こ，おにいちゃんが 7こ，うんこを
　もって います。おにいちゃんは ぼくより
　うんこを なんこ おおく もって いますか。

しき 7－5＝2

こたえ 2こ

こたえは 74 ページ

44

こたえ

 21 たしざんと ひきざん❶ 月 日

● けいさんを しましょう。

① $5+2=7$　② $3+6=9$

③ $7-1=6$　④ $8-2=6$

● こえに だして よんでから もんだいを ときましょう。

⑤ すてきな うんこが 6こ、かわいい
うんこが 1こ あります。うんこは
あわせて なんこ ありますか。

しき $6+1=7$

こたえ　7こ

45

（21日目の つづき）

● けいさんを しましょう。

⑥ $2+6=8$　⑦ $7-4=3$

⑧ $8+1=9$　⑨ $9-3=6$

● こえに だして よんでから もんだいを ときましょう。

⑩ うんこを きのうは 5かい、きょうは
1かい しました。きのうは、きょうより
なんかい おおく うんこを しましたか。

しき $5-1=4$

こたえ　4かい

こたえは 75ページ

46

---

 22 たしざんと ひきざん❷ 月 日

● しきの こたえと うんこの かずが おなじに
なるように ▨と ▨を せんで むすびましょう。

 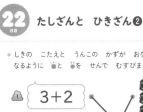

① $3+2$
② $6-3$
③ $5+4$
④ $4-3$
⑤ $6+1$

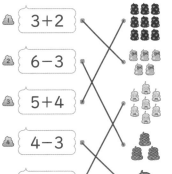

47

（22日目の つづき）

● けいさんを しましょう。

⑥ $9-6=3$　⑦ $3+7=10$

⑧ $2+5=7$　⑨ $8-7=1$

● こえに だして よんでから もんだいを ときましょう。

⑩ うんこが 6こ あります。おじいちゃんが
おちゃを のみながら うんこを 3こ
しました。うんこは ぜんぶで なんこに
なりましたか。

しき $6+3=9$

こたえ　9こ

こたえは 75ページ

48

こたえ

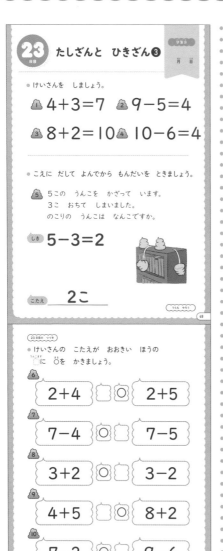

23 たしざんと ひきざん❸

● けいさんを しましょう。

① $4+3=7$ ② $9-5=4$

③ $8+2=10$ ④ $10-6=4$

● こえに だして よんでから もんだいを ときましょう。

⑤ 5この うんこを かざって います。
3こ おちて しまいました。
のこりの うんこは なんこですか。

しき $5-3=2$

こたえ ___2こ___

49

23日めの つづき

● けいさんの こたえが おおきい ほうの ⬜に ○を かきましょう。

⑥ $2+4$ ⬜ ○ $2+5$

⑦ $7-4$ ○ ⬜ $7-5$

⑧ $3+2$ ○ ⬜ $3-2$

⑨ $4+5$ ⬜ ○ $8+2$

⑩ $7-2$ ○ ⬜ $9-6$

こたえは 76ページ

50

24 たしざんと ひきざん❹

● けいさんを しましょう。

① $6-5=1$ ② $9-1=8$

③ $1+7=8$ ④ $4+6=10$

● こえに だして よんでから もんだいを ときましょう。

⑤ 10とうの ぞうが うんこの まえに
ならんで います。2とう かえって
しまいました。のこりの ぞうは
なんとうですか。

しき $10-2=8$

こたえ ___8とう___

51

24日めの つづき

● こたえの おおきい じゅんに ⬜に もじを いれて ことばを かんせいさせましょう。

う ん こ は
す ご い ！！

は $8-3$ ん $2+5$

い $7-5$ す $10-6$

う $9-1$ こ $1+2$

に $3+3$

こたえは 76ページ

52

76

こたえ

 25
にちめ

0の たしざんと ひきざん

● けいさんを しましょう。

 3+0=3   0+2=2

1+0=1   0+0=0

● こえに だして よんでから もんだいを ときましょう。

⑤ うんこなげを して います。1かいめは
0てん、2かいめは 4てんでした。
あわせて なんてんに なりましたか。

しき 0+4=4

こたえ 4てん

53

● けいさんを しましょう。

⑥ 4−0=4   ⑦ 3−3=0

⑧ 1−0=1   ⑨ 0−0=0

● こえに だして よんでから もんだいを ときましょう。

⑩ うんこが 6こ うられて います。
きょう うれた かずは 0こです。
のこりの うんこは なんこですか。

しき 6−0=6

こたえ 6こ

こたえは 77ページ

できた かずの けいすうを ぬって、1ページに シールを はろう。

54

 26
にちめ

まとめ③

● けいさんを しましょう。

① 5+3=8   ② 7−3=4

③ 8−6=2   ④ 9+1=10

● こえに だして よんでから もんだいを ときましょう。

⑤ みぎうでに 4こ、ひだりうでに 5こ、
うんこを のせて います。あわせて
うんこを なんこ のせて いますか。

しき 4+5=9

こたえ 9こ

55

● けいさんを しましょう。

⑥ 0+8=8   ⑦ 7−7=0

⑧ 2−0=2   ⑨ 5+0=5

● こえに だして よんでから もんだいを ときましょう。

⑩ もって いる うんこの かずは、おねえさんが
0こ、おにいさんが 3こです。あわせて
うんこを なんこ もって いますか。

しき 0+3=3

こたえ 3こ

こたえは 77ページ

できた かずの けいすうを ぬって、1ページに シールを はろう。

56

こたえ

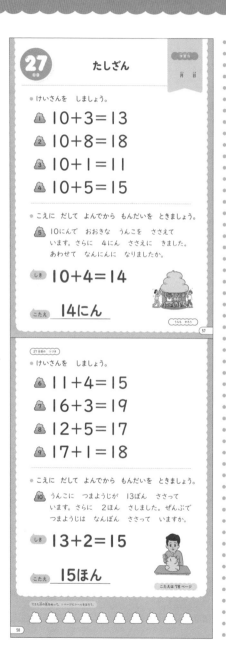

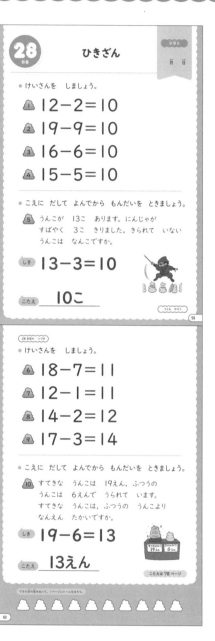

27 にちめ　たしざん

● けいさんを しましょう。

① 10+3＝13
② 10+8＝18
③ 10+1＝11
④ 10+5＝15

● こえに だして よんでから もんだいを ときましょう。

⑤ 10にんで おおきな うんこを ささえて います。さらに 4にん ささえに きました。あわせて なんにんに なりましたか。

しき 10+4＝14

こたえ 14にん

57

27日目の つづき

● けいさんを しましょう。

⑥ 11+4＝15
⑦ 16+3＝19
⑧ 12+5＝17
⑨ 17+1＝18

● こえに だして よんでから もんだいを ときましょう。

⑩ うんこに つまようじが 13ぼん ささって います。さらに 2ほん さしました。ぜんぶで つまようじは なんぼん ささって いますか。

しき 13+2＝15

こたえ 15ほん

こたえは 78ページ

58

28 にちめ　ひきざん

● けいさんを しましょう。

① 12−2＝10
② 19−9＝10
③ 16−6＝10
④ 15−5＝10

● こえに だして よんでから もんだいを ときましょう。

⑤ うんこが 13こ あります。にんじゃが すばやく 3こ きりました。きられて いない うんこは なんこですか。

しき 13−3＝10

こたえ 10こ

59

28日目の つづき

● けいさんを しましょう。

⑥ 18−7＝11
⑦ 12−1＝11
⑧ 14−2＝12
⑨ 17−3＝14

● こえに だして よんでから もんだいを ときましょう。

⑩ すてきな うんこは 19えん，ふつうの うんこは 6えんで うられて います。すてきな うんこは，ふつうの うんこより なんえん たかいですか。

しき 19−6＝13

こたえ 13えん

こたえは 78ページ

60

こ た え

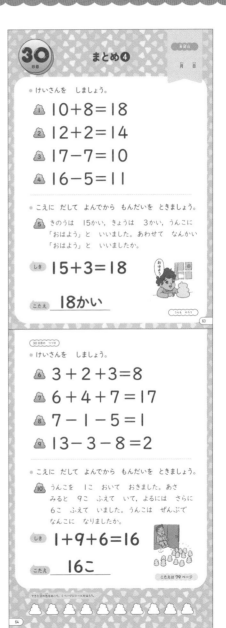

１ページの　こたえ：13こ

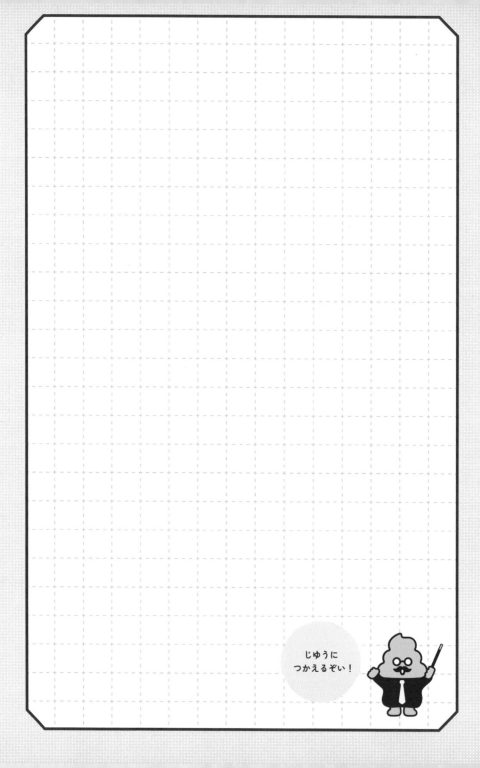

じゆうに
つかえるぞい！

クリアファイル

したじき

シール付
うんこノート

うんこドリル
セット 購入者 限定！
学習に役立つ 特別 ふろく付き

⬇ ご購入は各QRコードから ⬇

	小学**1**年生	小学**2**年生
漢字セット	**漢字セット** 2冊 ・かん字 ・かん字もんだいしゅう編	**漢字セット** 2冊 ・かん字 ・かん字もんだいしゅう編
算数セット	**算数セット** 3冊 ・たしざん ・ひきざん ・文しょうだい	**算数セット** 4冊 ・たし算 ・ひき算 ・かけ算 ・文しょうだい
オールインワンセット ＼全部入り！／	**オールインワンセット** 7冊 ・かん字 ・かん字もんだいしゅう編 ・たしざん ・ひきざん ・文しょうだい ・アルファベット・ローマ字 ・英単語	**オールインワンセット** 8冊 ・かん字 ・かん字もんだいしゅう編 ・たし算 ・ひき算 ・かけ算 ・文しょうだい ・アルファベット・ローマ字 ・英単語

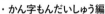

※セットによって特別ふろくの内容は異なります。